essentials

Essentials liefern aktuelles Wissen in konzentrierter Form. Die Essenz dessen, worauf es als „State-of-the-Art" in der gegenwärtigen Fachdiskussion oder in der Praxis ankommt. Essentials informieren schnell, unkompliziert und verständlich

- als Einführung in ein aktuelles Thema aus Ihrem Fachgebiet
- als Einstieg in ein für Sie noch unbekanntes Themenfeld
- als Einblick, um zum Thema mitreden zu können.

Die Bücher in elektronischer und gedruckter Form bringen das Expertenwissen von Springer-Fachautoren kompakt zur Darstellung. Sie sind besonders für die Nutzung als eBook auf Tablet-PCs, eBook-Readern und Smartphones geeignet.

Essentials: Wissensbausteine aus Wirtschaft und Gesellschaft, Medizin, Psychologie und Gesundheitsberufen, Technik und Naturwissenschaften. Von renommierten Autoren der Verlagsmarken Springer Gabler, Springer VS, Springer Medizin, Springer Spektrum, Springer Vieweg und Springer Psychologie.

Bernd Schröder

Geotechnik für Ingenieure

Ein Überblick

Dr.-Ing. Bernd Schröder
Aalen
Deutschland

ISSN 2197-6708 ISSN 2197-6716 (electronic)
essentials
ISBN 978-3-658-08496-7 ISBN 978-3-658-08497-4 (eBook)
DOI 10.1007/978-3-658-08497-4

Die Deutsche Nationalbibliothek verzeichnet diese Publikation in der Deutschen Nationalbibliografie; detaillierte bibliografische Daten sind im Internet über http://dnb.d-nb.de abrufbar.

Springer Vieweg

Gedruckt auf säurefreiem und chlorfrei gebleichtem Papier

Springer Fachmedien Wiesbaden ist Teil der Fachverlagsgruppe Springer Science+Business Media (www.springer.com)

Was Sie in diesem Essential finden können

- Geotechnische Kategorien
- Geotechnische Untersuchungen
- Baugrunderkundung
- Baugrundeigenschaften

Vorwort

Dieses Werk ist ein Auszug aus „Springer Ingenieurtabellen“ von Ekbert Hering und Bernd Schröder. Dieses Buch hat sich mit seinen Praxis-Tabellen als Ergänzung zu „Hütte Das Ingenieurwissen“ bewährt. Das Werk wendet sich an Studierende und Ingenieure.

Vor jedem Bauvorhaben eines Erd- und Grundbauwerks ist eine Baugrunduntersuchung durchzuführen. Hierfür werden geotechnische Untersuchungen notwendig, aus denen die Bodeneigenschaften ableitbar sind und zu Bodenkenngrößen führen. Diese ermöglichen, den Steifebeiwert des Baugrunds zu bestimmen, die Bodeneigenschaften zu beschreiben und daraus z. B. eine Setzungsberechnung durchzuführen. Die Baugrundeigenschaften einer Bodenschicht werden durch Bodenkenngrößen beschrieben.

Inhaltsverzeichnis

Einleitung 1

Nach europäischer Norm werden die geotechnischen Aufgaben bezüglich Mindestanforderungen an Baugrunduntersuchungen, die rechnerischen Nachweise und die Überwachung der Ausführung in drei Klassen, sogenannte Kategorien, eingeteilt.

Es müssen nämlich vor jeder Bauaufgabe die Schichtgrenzen, Einschlüsse und Kennwerte von Boden und Fels, wie auch die Grundwasserverhältnisse, in ausreichendem Maße zuvor bekannt sein. Die hierfür notwendigen Untersuchungen richten sich nach der geotechnischen Kategorie. Anzahl, Abstände und Tiefe der hierzu notwendigen Aufschlüsse sind geregelt. Diese Aufschlüsse erfolgen durch Schürfe und Bohrungen, auch Grundwasserstände sind zu berücksichtigen. Die Aufschlüsse erlauben es, Boden und Fels zu benennen und zu beschreiben. Die Ergebnisse können zeichnerisch dargestellt werden. Bei gemischten Bodenarten erkunden Sondierungen durch indirekte Aufschlüsse (Ramm-, Drucksondierung) die Bodenklassifikation.

Schließlich lassen sich die Baugrundeigenschaften einer Bodenschicht durch Bodenkenngrößen beschreiben.

B. Schröder, *Geotechnik für Ingenieure*, essentials,
DOI 10.1007/978-3-658-08497-4_1

Geotechnik

2

2.1 Geotechnische Kategorien

In der **europäischen Normung** werden die geotechnischen Aufgaben zwecks Mindestanforderungen an Baugrunduntersuchung, rechnerische Nachweise und Überwachung der Ausführung in drei Klassen (Kategorien) eingeteilt. Sie richten sich nach der zu erwartenden Reaktion von Boden und Fels, nach dem geotechnischen Schwierigkeitsgrad des Tragwerks und seiner Einflüsse auf die Umgebung.

In **DIN 4020** (10.90) wurde die Einteilung bezüglich Art und Umfang der geotechnischen Untersuchungen bereits verbindlich eingeführt.

Die Einordnung in eine geotechnische Kategorie erfolgt gegebenenfalls zu Beginn der Arbeiten vorläufig. Eine Änderung ist auf Grund der Befunde möglich und gegebenenfalls notwendig.

2.2 Geotechnische Untersuchungen

Allgemeine Anforderungen Für jede Bauaufgabe müssen Schichtgrenzen, Einschlüsse und Kennwerte von Boden und Fels sowie die Grundwasserverhältnisse in ausreichendem Maße zuvor bekannt sein (DIN V 1054-100).

Spätestens zum Zeitpunkt der Ausschreibung müssen die bis dahin vorhandenen Untersuchungsergebnisse für eine zuverlässige Planung der Bauleistung ausreichen. Gegebenenfalls ist eine zeitweise Aufteilung der Untersuchungen in Abhängigkeit von Baugrundrisiko zweckmäßig (DIN 4020).

B. Schröder, *Geotechnik für Ingenieure,* essentials,
DOI 10.1007/978-3-658-08497-4_2

Tab. 2.1 Einstufung von Erd – und Grundbauwerken bzw. geotechnischen Baumaßnahmen in geotechnische Kategorien nach DIN 4020 (10.90)

Geotechn. Kategorie	Geotechn. Risiko	Einstufungskriterien und Klassifizierungsmerkmale	Einschaltung von Sachverständigen
GK1	Gering	Wenn Standsicherheit und Gebrauchstauglichkeit sowie die geotechn. Auswirkungen aufgrund gesicherter Erfahrungen beurteilt werden können	Im Zweifelsfall erforderlich
GK2	Normal	Wenn Grenzzustände durch rechnerische Nachweise zu untersuchen sind	Im Regelfall hinzuziehen
GK3	Hoch	Wenn Bauobjekte mit schwieriger Konstruktion und/oder schwierigem Baugrund vertiefte geotechnische Kenntnisse und Erfahrungen verlangen	Zwingend erforderlich

Art und Umfang der dafür erforderlichen geotechnischen Untersuchungen werden in DIN 4020 (10.90) für GK 1 bis 3 mit gegenüber Tab. 2.1 erweiterten Klassifizierungsmerkmalen festgelegt.

Maßgebend für die Einstufung GK 1 bis 3 ist jeweils das Klassifizierungsmerkmal, das den größten Schwierigkeitsgrad beschreibt. Sie ist später auf Grund der Ergebnisse der geotechnischen Untersuchungen zu überprüfen und gegebenenfalls zu berichtigen.

Geotechnische Kategorie 1 (GK 1) liegt vor

a. bei einfachen baulichen Anlagen

Beispiel

Setzungsunempfindliche Bauwerke mit Stützenlasten bis 250 kN und Streifenlasten bis 100 kN/m, Stützmauern und Baugrubenwände $h \leq 2{,}0$ m ohne hohe Geländeauflasten, Gründungsplatten, die ohne Berechnung nach empirischen Regeln bemessen werden, Gräben $h \leq 2{,}0$ m über dem Grundwasser,

b. bei waagerechtem oder schwachgeneigtem Gelände, wenn die Baugrundverhältnisse nach gesicherten örtlichen Erfahrungen und geologischen Bedingungen als tragfähig und setzungsarm bekannt sind,
c. wenn das Grundwasser unterhalb der Aushubsohle liegt oder durch örtliche Bauerfahrung nachgewiesen ist, dass der Aushub unter dem Grundwasserspiegel oder ein späterer Grundwasseranstieg ohne schädliche Auswirkungen bleiben,
d. wenn das Bauwerk gegen die örtliche Seismizität unempfindliche ist,

e. wenn die Umgebung (z. B. Nachbargebäude, Verkehrswege, Leitungen) durch das Bauwerk selbst oder die dafür erforderlichen Bauarbeiten nicht beeinträchtigt oder gefährdet werden kann,
f. wenn schädliche oder erschwerende äußerer Einflüsse, wie benachbarte offene Gewässer, Böschungen, Auslaugungen, Erdfälle nicht zu erwarten sind.

Mindestanforderungen an die Baugrunderkundung und -untersuchung bei GK 1

- Einholen von Informationen über die allgemeinen Baugrundverhältnisse und die örtlichen Bauerfahrungen der Nachbarschaft.
- Erkunden der Bodenarten bzw. Gesteinsarten und ihrer Schichtung, z. B. durch Schürfe, Kleinbohrungen und Sondierungen.
- Abschätzen der Grundwasserverhältnisse vor und während der Bauausführung.
- Besichtigung der ausgehobenen Baugrube.

Art und Umfang dieser geotechnischen Untersuchungen müssen eine Bestätigung der Verhältnisse nach den Aufzählungen b) bis f) ermöglichen.

Geotechnische Kategorie 2 (GK 2) liegt vor, wenn die baulichen Anlagen und geotechnischen Gegebenheiten nicht in die geotechnische Kategorie 1 eingeordnet werden können, und sie wegen ihres Schwierigkeitsgrades nicht in die Kategorie 3 eingeordnet werden müssen.

Mindestanforderungen an die Baugrunderkundung und -untersuchung bei GK 2 Es sind immer direkte Aufschlüsse erforderlich. Die für Beurteilung und Berechnungen notwendigen Bodenkenngrößen müssen versuchstechnisch bestimmt oder mit Hilfe von Korrelationen abgeschätzt werden. Direkte Aufschlüsse sind natürliche oder künstliche Aufschlüsse, in der Regel Bohrungen, die eine Besichtigung von Boden oder Fels, die Entnahmen von Boden- oder Felsproben sowie die Durchführung von Feldversuchen ermöglichen, z. B. auch Schürfe. Die Anordnung der Aufschlüsse erfolgt gemäß der Tab. 2.2. Indirekte Aufschlüsse sind Sondierungen nach DIN 4094 sowie geophysikalische Messverfahren (zur Voruntersuchung großer Flächen).

Geotechnische Kategorie 3 (GK 3) liegt vor

a. bei baulichen Anlagen wie Bauwerke mit besonders hohen Lasten, tiefe Baugruben (z. B. Tiefgaragen), Staudämme sowie Deiche und andere Bauwerke, die durch hohe Wasserdrücke $\Delta h > 2$ m belastet werden, Einrichtungen zur vorübergehenden oder dauernden Grundwasserabsenkung, die damit ein Risiko für benachbarte Bauten bewirken, Flugplatzbefestigungen, Hohlraumbauten,

Tab. 2.2 Anzahl oder Rasterabstände a direkter Aufschlüsse in Böden, Richtwerte nach DIN 4020 (10.90) in Abhängigkeit vom Bauwerkstyp

Kleinflächige oder einfache Bauwerke bei einfachem Baugrund: mind 1 direkter Aufschluß	Hoch- und Ingenieurbauten Rasterabstand $a = 20$ bis 40 m	Großflächige Bauwerke: Rasterabstand $a \leq 60$ m
Linienbauwerke (z. B. Landverkehrswege, Leitungen. Stützmauern): $a = 50$ bis 200 m	Sonderbauwerke (z. B. Brükken, Schornsteine, Maschinenfundamente): 2 bis 4 Aufschlüsse/Fundament	Staumauern, -dämme und Wehre: $a = 25$ bis 75 m in charakteristischen Schnitten

weitgespannte Brücken, Schleusen und Siele, Maschinenfundamente mit hohen dynamischen Lasten, kerntechnische Anlagen, Offshore-Bauten, Chemiewerke und Anlagen mit gefährlichen chemischen Stoffen, Deponien aller Art mit Ausnahme nicht kontaminierter Boden- und Felsaushübe, hohe Türme, Antennen, Schornsteine, Großwindanlagen,

b. bei besonders schwierigen Baugrundverhältnissen, z. B. geologisch junge Ablagerungen mit regelloser Schichtung, rutschgefährdete Böschungen, geologisch wechselhafte Formationen, quell- und schrumpffähige Böden,
c. bei gespanntem oder artesischem Grundwasser, wenn beim Ausfall der Entlastungsanlagen hydraulischer Grundbruch möglich ist,
d. bei Erdbeben,
e. wenn von der baulichen Anlage oder der Bauausführung besondere Gefährdungen auf die Umgebung ausgehen oder die Bauwerke selbst durch sonstige Einflüsse einer besonderen Gefährdung hinsichtlich Standsicherheit und eventuell auch Betriebssicherheit unterliegen,
f. in Bergsenkungsgebieten, Gebieten mit Erdfällen, bei unkontrolliert geschütteten Geländeauffüllungen.

Mindestanforderungen an die Baugrunderkundung und -untersuchung bei GK 3 Es ist zu prüfen, ob über den für GK 2 erforderlichen Umfang hinaus weitere Untersuchungen erforderlich sind, die sich aus den besonderen Abmessungen, Eigenschaften und Beanspruchungen des Objektes oder aus Sonderfragen des Baugrundes, des Grundwassers oder der Umgebung ergeben (z. B. Pumpversuche, Proberammungen, Dichtigkeitsprüfungen).

Die Rechenwerte werden unter Einschaltung eines Sachverständigen festgelegt.

Anzahl, Abstände und Tiefe der Aufschlüsse nach DIN 4020

Die Anordnung erfolgt im Raster oder auf Schnitten, beginnend an den Eckpunkten des Bauwerks (Tab. 2.2).

Bei Alternativangaben gilt jeweils der größere Wert der Aufschlusstiefe z_a (Tab. 2.3).

Tab. 2.3 Aufschlusstiefe z_a ab Bauwerksunterkante oder Aushubsohle in Böden, Richtwerte nach DIN 4020 (10.90) in Abhängigkeit vom Bauwerkstyp

Hoch- und Ingenieurbauten: $z_a \geqq 3{,}0\ b_F$ oder $z_a \geqq 6{,}0$ m b_F kleinere Fundamentabmessung	Plattengründungen sowie mehrere Gründungskörper mit Überschneidung des Einflusses: $z_a \geqq 1{,}5\ b_B$ b_B kleinere Bauwerksabmessungen	Dämme $0{,}8\ h < z_a < 1{,}2\ h$[a] oder $z_a \geq 6{,}0$ m Einschnitte: $z_a \geqq 2{,}0$ m oder $z_a \geqq 0{,}4$ h
Landverkehrswege: $z_a \geqq 2{,}0$ m unter Aushubsohle Kanäle und Leitungen $z_a \geqq 2{,}0$ m unter Aushubsohle $z_a \geqq 1{,}5$ m b_{Ah}[b]	Baugruben: $z_a \geqq 0{,}4$ h oder $z_a \geqq$ Einbindetiefe des Verbaus + 2,0 m	Pfähle: $z_a \geqq 1{,}0\ b_G$[c] oder $z_a \geqq 3\ D_F$ D_F Pfahldurchmesser

[a] h Dammhöhe bzw. Einschnittiefe oder Baugrubentiefe
[b] b_{Ah} Aushubbreite
[c] b_G kleinere Seite des die Pfahlgründung umschliebenden Rechteckes

Grundsätzlich muss der Aufschluss alle Schichten erfassen, die durch das Bauwerk beansprucht werden (DIN 1054, Abschn. 3.2.2).

Aufschluss durch Schürfe und Bohrungen sowie Entnahme von Proben nach DIN 4021.

Sie regelt Bohrverfahren, Bohrwerkzeug, Durchführung der Baugrundaufschlüsse, Entnahme von Boden- und Wasserproben, Beobachtung des Grundwassers, Anlage von Grundwassermessstellen im Baugrund, Transport und Aufbewahren der Proben. Das Bohrverfahren richtet sich danach, ob damit Proben unter Beachtung der im Einzelfall erforderlichen Güteklasse entnommen werden können (Tab. 2.4). Diese sind dadurch gekennzeichnet, dass sich an ihnen bestimmte Kenngrößen und Eigenschaften ermitteln lassen. Güteklasse 1 entspricht weitgehend ungestörten, Güteklasse 5 völlig gestörten Proben.

Berücksichtigung der Grundwasserstände Wenn das Bauwerk einschließlich seiner Hilfsmaßnahmen in das Grundwasser hineinreicht, ist die Höhenlage der Grundwasser-Oberfläche oder Grundwasser-Druckfläche der Grundwasserstockwerke und ihre zeitliche Schwankung festzustellen. (DIN 1054-100: 04.96)

Hinweis: bei Dauerbauwerken hat der Planverfasser seine Planung des Bauvorhabens nach dem höchsten bekannten Grundwasserstand auszurichten, auch wenn dieser seit Jahren nicht mehr erreicht worden ist.

Benennung und Beschreibung von Boden und Fels nach DIN 4022-1 bis -3 (09.87).

Tab. 2.4 Güteklasse für Bodenproben (DIN 4021 Teil 1)

Güteklasse	Bodenproben unverändert in	Feststellbar sind im wesentlichen	
1[a]	*Z, w, γ, Es, τ*	Feinschichtgrenzen Kornzusammensetzung Konsistenzgrenzen Grenzen der Lagerungsdichte Kornwichte Organische Bestandteile Wassergehalt	Wichte des feuchten Bodens (Raumgewicht) Porenanteil Wasserdurchlässigkeit Steifemodul (Steifezahl) Scherfestigkeit
2	*Z, w, γ*	Feinschichtgrenzen Kornzusammensetzung Konsistenzgrenzen Grenzen der lagerungsdichte Kornwichte Organische Bestandteile	Wassergehalt Wichte des feuchten Bodens (Raumgewicht) Porenanteil Wasserdurchlassigkeit
3	*Z, w*	Schichtgrenzen Kornzusammensetzung Konsistenzgrenze	Grenzen der Lagerungsdichte Kornwichte Organische Bestandteile
4	*Z*	Schichtgrenzen Kornzusammensetzung Konsistenzgrenzen	Grenzen der Lagerungsdichte Kornwichte Organische Bestandteile
5	(auch *Z* verändert, unvollständige Bodenprobe)	Schichtenfolge	

Hierin bedeuten
Z Kornzusammensetzung, E_s Steifemodul (Steifezahl), *w* Wassergehalt, *τ* Scherfestigkeit, *γ* Wichte des feuchten Bodens (Raumgewicht)
[a] Güteklasse 1 zeichnet sich gegenüber Güteklasse 2 dadurch aus, dass auch das Korngefüge unverändert bleibt

Der Boden wird von dem Geräteführer oder von einem Beauftragten an der Bohrstelle insbesondere nach Haupt- und Nebenanteil, Beschaffenheit und Farbe mit Hilfe visueller und manueller Unterscheidungsmerkmale in einem Schichtenverzeichnis nach DIN 4021-1 beschrieben.

Hauptanteil ist entweder die Bodenart, die nach Massenanteilen am stärksten vertreten ist, oder jene, welche die bestimmende Eigenschaft des Bodens prägt.

Haupt- und Nebenanteile werden nach Korngrößenunterbereichen als Kies, Sand und Schluff mit der jeweiligen Unterteilung grob, mittel, fein sowie als Ton (Korn Ø<0,002 mm) benannt (Abb. 2.1). Bei der visuellen Bestimmung ist z. B.

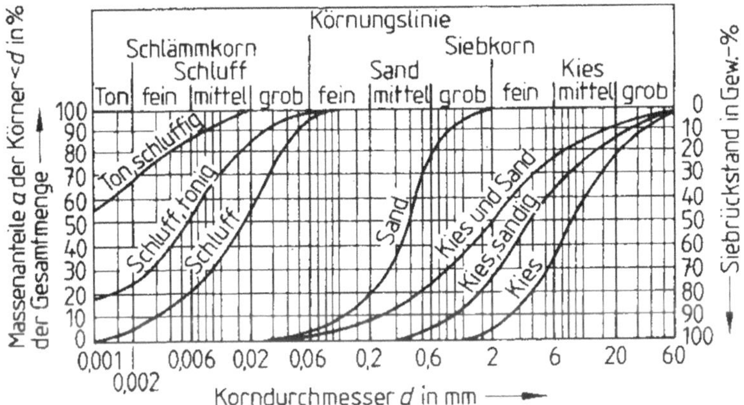

Abb. 2.1 Korngrößenverteilung bindiger und nicht bindiger Bodenarten mit Benennung nach DIN 4022

Feinkies kleiner als Erbsen, aber größer als Streichholzköpfe, Feinsand kleiner als Gries, aber als Einzelkorn noch sichtbar.

Übergeordnet sind die Korngrößenbereiche Grobkorn (Kies und Sand) und Feinkorn (Schluff und Ton). Anstelle von grob- und feinkörnigen Böden wird auch der Begriff nicht bindige und bindige Böden benutzt.

Da bei feinkörnigen Böden das Einzelkorn nicht mehr mit bloßem Auge zu erkennen ist, werden Schluff und Ton durch Reib- und Schneidversuche unterschieden. Tonige Böden fühlen sich im Reibversuch seifig, schluffige mehlig an. Beim Schneidversuch weisen glänzende Schnittflächen auf Ton, stumpfes Aussehen auf Schluff hin.

Bei feinkörnigen Nebenanteilen wird dem Adjektiv „tonig“ oder „schluffig“ das Beiwort „schwach“ oder „stark“ dann vorausgesetzt wenn sie von besonders geringem oder besonders hohem Einfluss auf das Verhalten des Bodens sind, aber das Verhalten nicht vom Feinkornanteil geprägt wird.

Um entsprechende Unterteilungen „schwach“ oder „stark“ bei grobkörnigen Böden vorzunehmen ist eine Körnungslinie (Abb. 2.1) erforderlich („schwach“ bei weniger als 15 %, „stark“ bei mehr als 30 % Massenanteil).

Die Beschaffenheit feinkörniger Böden wird durch die Konsistenz mit Handprüfung nach Tab. 2.5 beschrieben.

Bei der Beschreibung der Böden ist von besonderer Wichtigkeit eine dunkle Färbung, da hierdurch oft organische Beimengungen angezeigt werden (Tab. 2.6)

Aus dem Trockenfestigkeitsversuch (Widerstand der getrockneten Probe gegen Zerbröckeln oder Pulverisieren zwischen den Fingern) ergeben sich Hinweise auf

Tab. 2.5 Bestimmung der Konsistenz im Feldversuch nach DIN 4022-1

Konsistenzzahl	Liquiditätszahl	Benennung	Verhalten des Bodens in der Hand
<0,00	>1,00	Flüssig	Fließt *aus der* Hand
0,00–0,50	1,00–0,50	Breiig	Quillt beim Pressen in der Faust zwischen den Fingern durch
0,50–0,75	0,50–0,25	Weich	Lässt sich leicht kneten
0,50–0,75	0,50–0,00	Steif	Schwer knetbar; zu 3 mm dicken Walzen ausrollbar, ohne zu brechen
$1{,}0 < I_C \frac{w_L - w_s}{w_L - w_P}$	<0,00	Halbfest	Bröckelt und reißt beim Versuch, ihn zu 3 mm dicken Walzen auszurollen, lässt sich aber erneut zu Klumpen formen

Tab. 2.6 Humusgehalt der Böden nach DIN 4022-1

Benennung	Sand und Kies		Ton und Schluff	
	Humusgehalt[a]	Farbe	Humusgehalt[a]	Farbe
Schwach humos	1 bis 3	Grau	2 bis 5	Mineralfarbe
Humos	Über 3 bis 5	Dkl. grau	Über 5 bis 10	Dkl. grau
Stark humos	Über 5	Schwarz	Über 10	Schwarz

[a] Massenanteil in %

die Plastizität des Bodens und damit auf das Verhalten als Schluff oder Ton. Bei Schluff reicht geringer Druck. Bei Ton kann die Probe nicht zerbröckelt werden.

Die Empfindlichkeit einer breiigen Masse des Bodens gegen Schütteln im Schüttelversuch in der Hand ist eine Eigenschaft, die für schluffige Böden charakteristisch ist (Tab. 2.7).

Die zeichnerische Darstellung der Ergebnisse ist in DIN 4023 (3.84) geregelt. Die Aufschlusspunkte sind in einem Lageplan, die Ergebnisse maßstäblich und höhengerecht in Schnitten 1:100 (auf Säulen) mit Symbolen und Kurzzeichen der DIN 4023 darzustellen und gegebenenfalls durch Gruppensymbole gemäß DIN 18196 (Tab. 2.8) zu ergänzen.

Tab. 2.7 Bodenarten nach DIN 4022 und Darstellung nach DIN 4023

Benennung	Feinstkorn oder Ton	Schluff	Sand	Kies	Steine und Blöcke
Korngrößenbereich in mm	< 0,002	0,002 bis 0,06	> 0,06 bis 2	> 2 bis 63	> 63
Kurzzeichen	T	U	S	G	X und Y
Symbol					

Tab. 2.8 Bodenklassifikation für bautechnische Zwecke

Sp.	1	2	3	4	5	6	7	8	9	10	11	12	13	14	15	16	17	18	19	20	21
	Definition und Benennung							Erkennungsmerkmale unter anderem für Zeilen 16 bis 21:	Anmerkungen [1])												
										Bautechnische Eigenschaften:						Bautechnische Eignung als					
Zeile	Hauptgruppen	Korngrößen-Massenanteil Korndurchmesser ≤ 0,06 mm	Korngrößen-Massenanteil ≤ 2 mm	Lage zur A-Linie (siehe Abb. 2.7)	Gruppen		Kurzzeichen Gruppensymbol [2])	Trockenfestigkeit / Reaktion beim Schüttelversuch / Plastizität beim Knetversuch	Beispiele	Scherfestigkeit	Verdichtungsfähigkeit	Zusammendrückbarkeit	Durchlässigkeit	Witterungs- und Erosionsempfindlichkeit	Frostempfindlichkeit	Baugrund für Gründungen	Baustoff für Erd- und Baustraßen	Baustoff für Straßen- und Bahndämme	Baustoff für Erd-Staudämme Dichtung	Baustoff für Erd-Staudämme Stützkörper	Baustoff für Dränagen
1	Grobkörnige Böden	kleiner 5 %	bis 60 %	–	Kies (Grant)	enggestufte Kiese	GE	Steile Kornungslinie infolge Vorherrschens eines Korngrößenbereichs	Fluß- und Strandkies Terrassenschotter	+	+0	++	– –	++	++	+	–	+	– –	+	++
2						weitgestufte Kies-Sand-Gemische	GW	über mehrere Korngrößenbereiche kontinuierlich verlaufende Körnungslinie		++	++	++	–0	+	++	++	++	++	– –	++	+0
3						intermittierend gestufte Kies-Sand-Gemische	GI	meist treppenartig verlaufende Körnungslinie infolge Fehlens eines oder mehrerer Korngrößenbereiche	vulkanische Schlacke	++	+	++	–	0	++	++	–	++	– –	++	+0
4			über 60 %	–	Sand	enggestufte Sande	SE	steile Körnungslinie infolge Vorherrschens eines Korngrößenbereiches	Dünen- und Flugsand Fließsand Berliner Sand Beckensand Tertiärsand	+	+0	++	–	–	++	+	– –	+0	– –	0	+
5						weitgestufte Sand-Kies-Gemische	SW	über mehrere Korngrößenbereiche kontinuierlich verlaufende Körnungslinie	Moränensand Terrassensand Granitgrus	++	++	++	–0	+0	++	++	+	+	– –	+	+0
6						intermittierend gestufte Sand-Kies-Gemische	SI	meist treppenartig verlaufende Körnungslinie infolge Fehlens eines oder mehrerer Korngrößenbereiche		+	+	++	–0	+0	+–	++	0	+	– –	+	+0

Tab. 2.8 (Fortsetzung)

Sp.	1	2	3	4	5	6	7	8	8	8	9	10	11	12	13	14	15	16	17	18	19	20	21
	Definition und Benennung							Erkennungsmerkmale unter anderem für Zeilen 16 bis 21.			Anmerkungen [1])												
											Beispiele	Bautechnische Eigenschaften						Bautechnische Eignung als					
Zeile	Hauptgruppen	Korngrößen-Massenanteil: Korndurchmesser ≤ 0,06 mm	Korngrößen-Massenanteil: ≤ 2 mm	Lage zur A-Linie (siehe Abb. 2.7)		Gruppen	Kurzzeichen Gruppensymbol [2])	Trockenfestigkeit	Reaktion beim Schüttelversuch	Plastizität beim Knetversuch		Scherfestigkeit	Verdichtungsfähigkeit	Zusammendrückbarkeit	Durchlässigkeit	Witterungs- und Erosionsempfindlichkeit	Frostempfindlichkeit	Baugrund für Gründungen	Baustoff für Erd- und Baustraßen	Baustoff für Straßen- und Bahndämme	Baustoff für Erd-Staudämme Dichtung	Baustoff für Erd-Staudämme Stützkörper	Baustoff für Dränagen
15	Feinkörnige Böden	über 40 %	–	$I_P \leq 4\%$ oder unterhalb der A-Linie	Schluff	leicht plastische Schluffe $w_L < 35\,\%$	UL	niedrige	schnelle	keine bis leichte	Löß Hochflutlehm	−0	−0	+0	+0	−−	−−	+0	−−	−0	0	−−	−−
16						mittelplastische Schluffe $35\% \leq w_L \leq 50\%$	UM	niedrige bis mittlere	langsame	leicht bis mittlere	Seeton beckenschluff	−0	·	−0	+	−	−−	0	−	−0	+0	−−	−−
17						ausgeprägt zusammendrückbarer Schluff $w_L > 50\,\%$	UA	hohe	keine bis langsame	mittlere bis ausgeprägte	vulkanische Böden Bimsböden	−	−	−	++	−0	−0	−0	−	·	−0	−−	−−
18				$I_P \geq 7\%$ und oberhalb der A-Linie	Ton	leicht plastische Tone $w_L < 35\,\%$	TL	mittlere bis hohe	keine bis langsame	leichte	Geschiebemergel Bänderton	−0	−0	0	+	−	−−	0	−	−0	++	−−	−−
19						mittelplastische Tone $35\% \leq w_L \leq 50\%$	TM	hohe	keine	mittlere	Lößlehm Beckenton Keuperton Seeton	−	−	−0	++	−0	−0	0	−	−0	+	−−	−−
20						ausgeprägte plastische Tone $w_L > 50\,\%$	TA	sehr hohe	keine	keine geprägte	Tarras Lauenburger Ton, Beckenton	−−	−−	−−	++	0	+0	0	−			−−	−−
21	organogene [3]) und Böden mit organischen Beimengungen	über 40 %	–	$I_P \geq 7\%$ und unterhalb der A-Linie	nicht brenn- oder nicht schwelbar	Schluffe mit organischen Beimengungen u. organogene [3]) Schluffe $35\% \leq w_L \leq 50\%$	OU	mittlere	langsame bis sehr schnelle	mittlere	Seekreide Kieselgur Mutterboden	−0	−	−0	+0	−−	−−	−−	−−	−−	−	−−	−−
22						Tone mit organischen Beimengungen u. organogene [3]) Tone $w_L > 50\,\%$	OT	hohe	keine	ausgeprägte	Schlick Klei, tertiäre Kohletone	−−	−−	−	++	−0	−0	−−	−−	−−	−	−−	−−
23		bis 40 %		–		grob- bis gemischtkörnige Böden mit Beimengungen humoser Art	OH	Beimengungen pflanzlicher Art, meist dunkle Färbung, Modergeruch, Glühverlust bis etwa 20% Massenanteil			Mutterboden Paläoboden	0	−0	−0	0	+0	−0	−	0	−	−−	−−	−−
24						grob- bis gemischtkörnige Böden mit kalkigen, kieseligen Bildungen	OK	Beimengungen nicht pflanzlicher Art, meist helle Färbung, leichtes Gewicht, große Porosität			Kalk-Tuffsand Wiesenkalk	+	0	−0	−0	0	+0	−0	0	−0	−−	−−	−−

Tab. 2.8 (Fortsetzung)

Sp.	1	2	3	4	5	6	7	8			9	10	11	12	13	14	15	16	17	18	19	20	21
	Definition und Benennung							Erkennungsmerkmale unter anderem für Zeilen 16 bis 21:			Anmerkungen [1])												
											Beispiele	Bautechnische Eigenschaften						Bautechnische Eignung als					
Zeile	Hauptgruppen	Korngrößen-Massenanteil Korndurchmesser ≤ 0,06 mm	Korngrößen-Massenanteil ≤ 2 mm	Lage zur A-Linie (siehe Abb. 2.7)		Gruppen	Kurzzeichen Gruppensymbol [2])	Trockenfestigkeit	Reaktion beim Schüttelversuch	Plastizität beim Knetversuch		Scherfestigkeit	Verdichtungsfähigkeit	Zusammendrückbarkeit	Durchlässigkeit	Witterungs- und Erosionsempfindlichkeit	Frostempfindlichkeit	Baugrund für Gründungen	Baustoff für Erd- und Baustraßen	Baustoff für Straßen- und Bahndämme	Baustoff für Erd-Staudämme Dichtung	Baustoff für Erd-Staudämme Stützkörper	Baustoff für Dränagen
15	Feinkörnige Böden	über 40 %	–	$I_P \le 4\%$ oder unterhalb der A-Linie	Schluff	leicht plastische Schluffe $w_L < 35\%$	UL	niedrige	schnelle	keine bis leichte	Löß Hochflutlehm	–0	–0	+0	+0	– –	– –	+0	– –	–0	0	– –	– –
16						mittelplastische Schluffe $35\% \le w_L \le 50\%$	UM	niedrige bis mittlere	langsame	leicht bis mittlere	Seeton beckenschluff	–0	–	–0	+	–	– –	0	–	–0	+0	– –	– –
17						ausgeprägt zusammendrückbarer Schluff $w_L > 50\%$	UA	hohe	keine bis langsame	mittlere bis ausgeprägte	vulkanische Böden Bimsböden		–	–	++	–0	–0	–0	–	–	–0	– –	– –
18				$I_P \ge 7\%$ und oberhalb der A-Linie	Ton	leicht plastische Tone $w_L < 35\%$	TL	mittlere bis hohe	keine bis langsame	leichte	Geschiebemergel Bänderton	–0	–0	0	+	–	– –	0	–	–0	++	– –	– –
19						mittelplastische Tone $35\% \le w_L \le 50\%$	TM	hohe	keine	mittlere	Lößlehm Beckenton Keuperton Seeton	–	–	–0	++	–0	–0	0	–	–0	+	– –	– –
20						ausgeprägte plastische Tone $w_L > 50\%$	TA	sehr hohe	keine	keine geprägte	Tarras Lauenburger Ton, Beckenton	– –	– –	– –	++	0	+0	–0	– –	–	–	– –	– –
21	organogene [3]) und Böden mit organischen Beimengungen	über 40 %	–	$I_P \ge 7\%$ und unterhalb der A-Linie	nicht brenn- oder nicht schwelbar	Schluffe mit organischen Beimengungen u. organogene [3]) Schluffe $35\% \le w_L \le 50\%$	OU	mittlere	langsame bis sehr schnelle	mittlere	Seekreide Kieselgur Mutterboden	–0	–	–0	+0	– –	– –	– –	– –	– –	–	– –	– –
22						Tone mit organischen Beimengungen u. organogene [3]) Tone $w_L > 50\%$	OT	hohe	keine	ausgeprägte	Schlick Klei, tertiäre Kohletone	– –	– –	–	++	–0	–0	– –	– –	– –	–	– –	– –
23		bis 40 %		–		grob- bis gemischtkörnige Böden mit Beimengungen humoser Art	OH	Beimengungen pflanzlicher Art, meist dunkle Färbung, Modergeruch, Glühverlust bis etwa 20% Massenanteil			Mutterboden Paläoboden	0	–0	–0	0	+0	–0	–	0	–	– –	– –	– –
24						grob- bis gemischtkörnige Böden mit kalkigen, kieseligen Bildungen	OK	Beimengungen nicht pflanzlicher Art, meist helle Färbung, leichtes Gewicht, große Porosität			Kalk-Tuffsand Wiesenkalk	+	0	–0	–0	0	+0	–0	0	–0	– –	– –	– –

Tab. 2.8 (Fortsetzung)

Sp.	1	2	3	4	5	6	7	8			9	10	11	12	13	14	15	16	17	18	19	20	21
	Definition und Benennung							Erkennungsmerkmale unter anderem für Zeilen 16 bis 21			Anmerkungen[1]												
											Beispiele	Bautechnische Eigenschaften						Bautechnische Eignung als					
Zeile	Hauptgruppen	Korngrößen-Massenanteil Korndurchmesser ≤ 0,06 mm	≤ 2 mm	Lage zur A-Linie (siehe Abb. 2.7)	Gruppen		Kurzzeichen Gruppensymbol[2]	Trockenfestigkeit	Reaktion beim Schüttelversuch	Plastizität beim Knetversuch		Scherfestigkeit	Verdichtungsfähigkeit	Zusammendrückbarkeit	Durchlässigkeit	Witterungs- und Erosionsempfindlichkeit	Frostempfindlichkeit	Baugrund für Gründungen	Baustoff für Erd- und Baustraßen	Baustoff für Straßen- und Bahndämme	Baustoff für Erd-Staudämme Dichtung	Baustoff für Erd-Staudämme Stützkörper	Baustoff für Dränagen
25	organische Böden	–		–	brenn- oder schwelbar	nicht bis mäßig zersetzte Torfe (Humus)	HN	an Ort und Stelle aufgewachsene Humusbildungen	Zersetzungsgrad 1 bis 5, faserig, holzreich, hellbraun bis braun		Niedermoortorf Hoormoortorf Bruchwaldtorf	–	– –	– –	0	+ 0	–	– –	– –	– –	– –	– –	– –
26						zersetzte Torfe	HZ		Zersetzungsgrad 6 bis 10, schwarzbraun bis schwarz			– –	– –	– –	+ 0	–	– –	– –	[illegible]	[illegible]	– –	– –	– –
27						Schlamme als Sammelbegriff für Faulschlamm, Mudde, Gyttja, Dy und Sapropel	F	unter Wasser abgesetzte (sedimentäre) Schlamme aus Pflanzenresten Kot und Mikroorganismen, oft von Sand, Ton und Kalk durchsetzt blauschwarz oder grünlich bis gelbbraun, gelegentlich dunkelgraubraun bis blauschwarz, federnd, weichschwammig			Mudde Faulschlamm	– –	– –	– –	+ 0	–	– –	– –	– –	– –	– –	– –	–
28	Auffüllung	–		–	Auffüllung aus natürlichen Böden; jeweiliges Gruppensymbol in eckigen Klammern		[ ]	–				–											
29					Auffüllung aus Fremdstoffen		A				Müll Schlacke Bauschutt Industrieabfall												

[1]) Die Spalten 10 bis 21 enthalten als grobe Leitlinie Hinweise auf bautechnische Eigenschaften und auf die bautechnische Eignung nebst Beispielen in Spalte 9. Diese Angaben sind keine normativen Festlegungen.
[2]) Der Querbalken für die Kurzzeichen U und T oder das danebengestellte *-Symbol darf entfallen.
[3]) Unter Mitwirkung von Organismen gebildete Böden.

Tab. 2.8 (Fortsetzung, Bedeutung der qualitativen und wertenden Angaben)

Spalte 10		Spalte 11		Spalten 12 bis 15		Spalten 16 bis 21	
– –	sehr gering	– –	sehr schlecht	– –	sehr groß	– –	ungeeignet
–	gering	–	schlecht	–	groß	–	weniger geeignet
–0	mäßig	–0	mäßig	–0	groß bis mittel	–0	mäßig geeignet
0	mittel	0	mittel	0	mittel	0	brauchbar
+0	groß bis klein	+0	gut bis mittel	+0	gering bis mittel	+0	geeignet
+	groß	+	gut	+	sehr gering	+	gut geeignet
++	sehr groß	+	sehr gut	++	vernachlässigbar klein	++	sehr gut geeignet

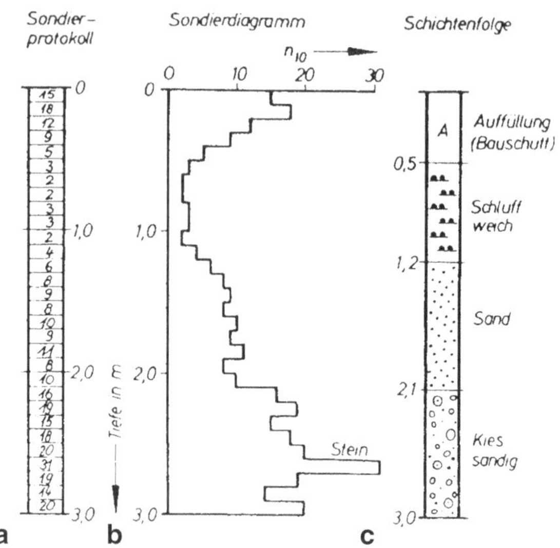

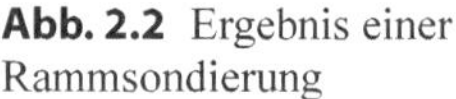
Abb. 2.2 Ergebnis einer Rammsondierung

Bei **gemischten Bodenarten** ist das Kurzzeichen des Hauptanteils in Großbuchstaben voranzustellen, die der Nebenanteile in der Reihenfolge ihrer Bedeutung anzufügen.

Beispiel schluffig, toniger Sand: S, u, t.

Erkunden durch Sondierungen nach DIN 4094 (12.90). Sie regelt die indirekten Aufschlüsse des Bodens durch Ramm- (DPL; DPH), Standard- (SPT) und Drucksondierungen (CPT) (Einsatzmöglichkeiten, Durchführung der Sondierung, Messung und Darstellung, Einflüsse auf Sondierergebnisse), (Abb. 2.2). Sie enthält auch Hinweise zur Auswertung (Abb. 2.3, 2.4, 2.5 und 2.6 als Auswahl). Die Klassifizierung nach DIN 18196 ist in Abb. 2.7 dargestellt.

Arten und Einsatztiefen von Sondiergeräten sind in Tab. 2.9 aufgeführt. Tabelle 2.10 bietet Umrechnungsfaktoren beim Standard-Penetrations-Test (SPT). Den Zusammenhang zwischen den Schlagzahlen und der Bodenkonsistenz zeigt Tab. 2.11.

Anmerkung Es ist zu beachten, dass bestimmte in Tab. 2.8, Spalte 9, genannte Beispiele für Bodenarten, wie Mutterboden, Mudden, Geschiebemergel, Geschiebelehm entsprechend ihrer stofflichen Zusammensetzung gegebenenfalls verschiedenen Bodengruppen zugehören können.

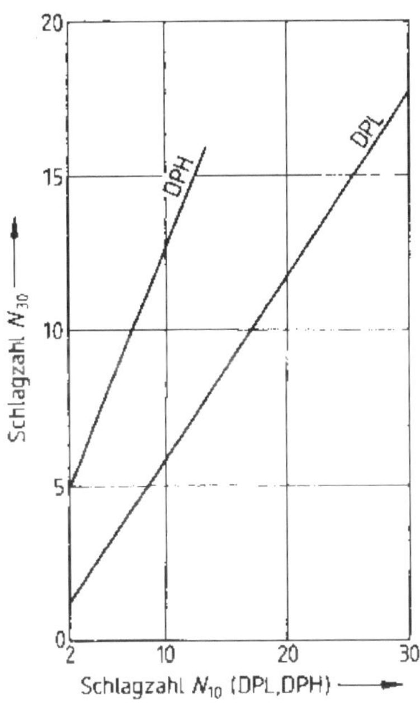

Abb. 2.3 Vergleich zwischen den Schlagzahlen von Rammsondierungen in leicht plastischen und mittelplastischen Tonen (TL, TM). *DPH* Schwere Rammsonde, *DPL* Leichte Rammsonde, *SPT* Standard Penetration-Test, N_k Schlagzahlen, N_{30} bei SPT je 30 cm, N_{10} bei DPL oder DPH je 10 cm

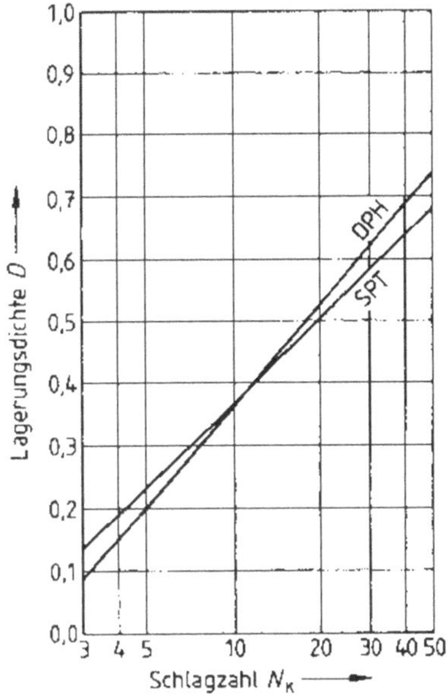

Abb. 2.4 Zusammenhang zwischen den Schlagzahlen und der Lagerungsdichte bei weitgespannten Sand-Kies-Gemischen (GW). *DPH* Schwere Rammsonde, *DPL* Leichte Rammsonde, *SPT* Standard Penetration-Test, N_k Schlagzahlen, N_{30} bei SPT je 30 cm, N_{10} bei DPL oder DPH je 10 cm

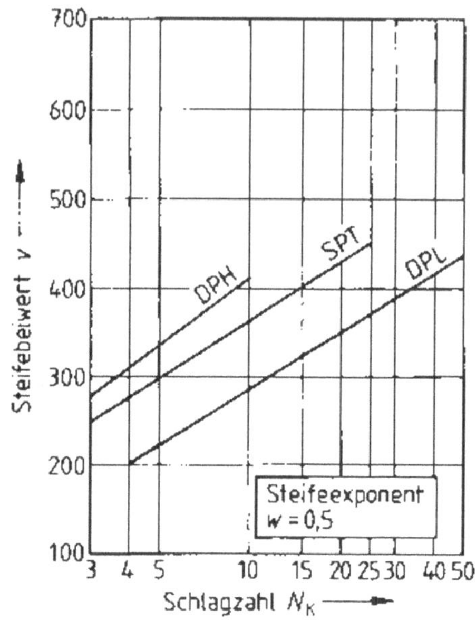

Abb. 2.5 Zusammenhang zwischen den Schlagzahlen und dem Steifebeiwert in enggestuften Sanden (SE) über Grundwasser. *DPH* Schwere Rammsonde, *DPL* Leichte Rammsonde, *SPT* Standard Penetration-Test, N_k Schlagzahlen, N_{30} bei SPT je 30 cm, N_{10} bei DPL oder DPH je 10 cm

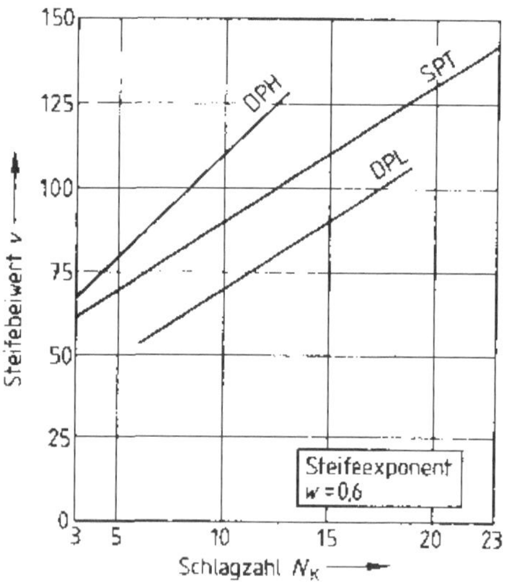

Abb. 2.6 Zusammenhang zwischen den Schlagzahlen und dem Steifebeiwert *v* in leicht plastischen und mittelplastischen Tonen (TL, TM) über Grundwasser. *DPH* Schwere Rammsonde, *DPL* Leichte Rammsonde, *SPT* Standard Penetration-Test, N_k Schlagzahlen, N_{30} bei SPT je 30 cm, N_{10} bei DPL oder DPH je 10 cm

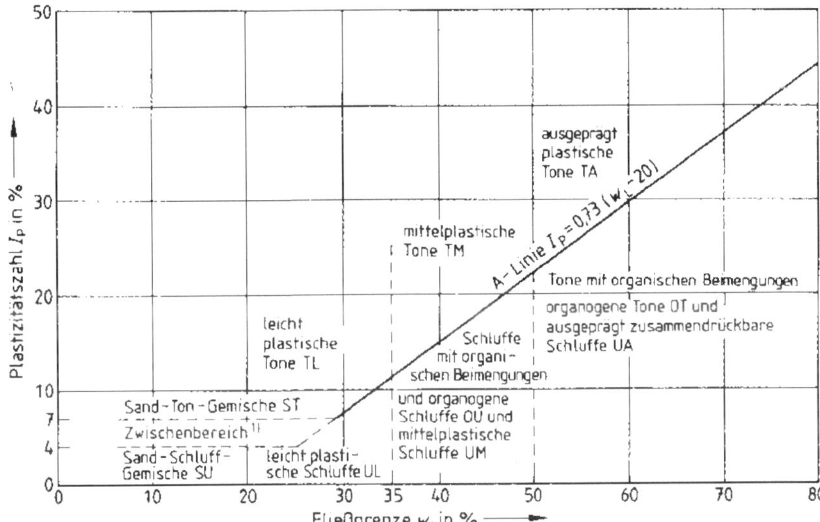

Abb. 2.7 Klassifizierung nach DIN 18196

Tab. 2.9 Arten und Einsatztiefen von Sondiergeräten

Benennung	Kurzzeichen	A[a]	M[b] [kg]	H[c]	t[d]
Leichte Rammsonde	DPL	10	10	N_{10}	10
	DPL-5	5	10	N_{10}	8
Schwere Ramms	DPH	15	50	N_{10}	25
Stand.-Penetr.-T	SPT	20	63,5	N_3o	0,45

[a] Spitzenquerschnitt in cm²
[b] Masse Rammbär
[c] Fallhöhe
[d] maximale Untersuchungstiefe ab Ansatzpunkt, bei SPT ab Bohrlochsohle

Tab. 2.10 Umrechnungsfaktoren zwischen dem Sondierspitzendruck q_s in MN/m² der Drucksonde und der Schlagzahl N_{30} (Schlagzahl je 30 cm Eindringtiefe) beim Standard-Penetrations-Test (SPT)

Bodenart	Fein-. Mittelsand oder leicht schluffiger Sand	Sand oder Sand mit etwas Kies	Weitgestufter Sand	Sandiger Kies oder Kies
q_S/N_{30} in MN/m²	0,3 bis 0,4	0,5 bis 0,6	0,5 bis 1,0	0,8 bis 1,0

Tab. 2.11 Zusammenhang zwischen den Schlagzahlen N_{10} und der Konsistenz bindiger Böden

Konsistenz	Breiig	Weich	Steif	Halbfest	Fest
DPH	0 bis 2	2 bis 5	5 bis 9	9 bis 17	>17
DHL	0 bis 3	3 bis 10	10 bis 17	17 bis 37	>37

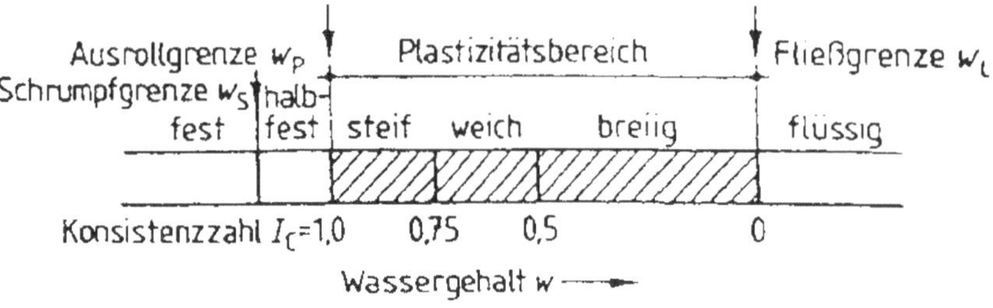

Abb. 2.8 Konsistenz bindiger Böden nach DIN 18122

Die Schlagzahlen N_{10} können in Schlagzahlen N_{30} der Standardrammsonde umgerechnet werden (Abb. 2.8) und aus dieser die einaxiale Druckfestigkeit abgeleitet werden (Tab. 2.12).

Berechnung des spannungsabhängigen Steifemoduls nach *Ohde* (gemäß DIN 4094, Beibl. 1) mit Steifebeiwerten v und Steifeexponenten w nach Abb. 2.5 und 2.6

$$E_s = v \cdot p_a \left(\frac{\sigma_{ü} + 0{,}5 \Delta\sigma_z}{p_a} \right)^w$$

wobei:

v = Steifebeiwert [−] aus Abb. 2.5 und 2.6

w = Steifeexponent [−] (vom Boden abhängige Konstante, siehe Abb. 2.5 und 2.6)

$\sigma_{ü}$ = $\gamma(d+z)$

$\Delta\sigma_z$ = $i_1 \cdot \sigma_1$

(beide: s. Abb. 2.9)

p_a = mittlerer Atmosphärendruck (100 kN/m²)

Einflusswerte für lotrechte Spannungen siehe Tab. 2.13.

Tab. 2.12 Konsistenz I_c und Zylinderdruckfestigkeit q_u in Anhängigkeit von der Schlagzahl N_{30} (SPT)

N_{30}	Konsistenz	I_c	q_u in KN/m²
0 bis 2	Breiig	0 bis 0,50	<25
2 bis 4	Weich	0,50 bis 0,75	25 bis 50
4 bis 8 8 bis 15	Steif	0,75 bis 1,00	100 bis 200 100 bis 200
15 bis 30	Halbfest	>1,00	200 bis 400
>30	Fest		>400

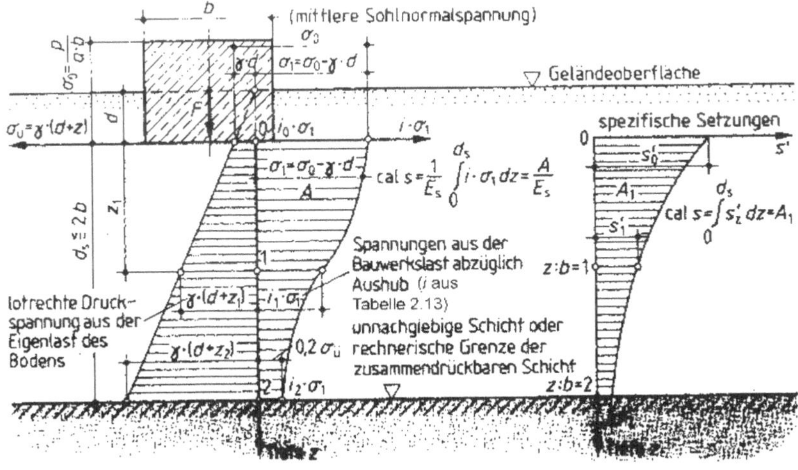

a Druckverteilung im Baugrund aus Eigenlast des Bodens und Bauwerkslast

b Verteilung der spezifischen Setzungen aus a) und e)

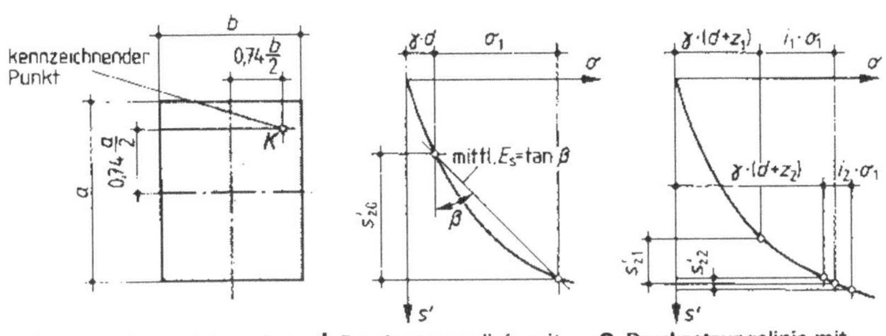

c Lage des kennzeichnenden Punktes

d Drucksetzungslinie mit Bestimmung des mittleren Steifemoduls E_s

e Drucksetzungslinie mit Ermittlung der spezifischen Setzungen für die Punkte 1 und 2

Abb. 2.9 Schema einer allgemeinen Setzungsberechnung für eine einheitliche Schicht

Tab. 2.13 Einflusswerte *i* für die lotrechten Spannungen unter dem kennzeichnenden Punkt einer Rechtecklast nach *Kany*

z/b	1,0	1,5	2,0	a/b 3,0	5,0	10,0	∞
0,05	0,9811	0,9819	0,9884	0,9894	0,9895	0,9897	0,9896
0,10	0,8984	0,9280	0,9372	0,9425	0,9443	0,9447	0,9447
0,15	0,7898	0,8351	0,8623	0,8755	0,8824	0,8830	0,8839
0,20	0,6947	0,7570	0,7883	0,8127	0,8335	0,8262	0,8264
0,30	0,5566	0,6213	0,6628	0,7053	0,7301	0,7376	0,7387
0,50	0,4088	0,4622	0,5032	0,5550	0,6032	0,6264	0,6299
0,70	0,3249	0,3706	0,4041	0,4527	0,5066	0,5473	0,5552
1,00	0,2342	0,2786	0,3078	0,3488	0,4008	0,4504	0,4674
1,50	0,1438	0,1830	0,2098	0,2387	0,2779	0,3303	0,3604
2,00	0,0939	0,1279	0,1475	0,1749	0,2057	0,2479	0,2883
3,00	0,0473	0,0672	0,0823	0,1043	0,1280	0,1575	0,2025

2.3 Geotechnische Kennwerte (ENV 1997-1)

Die Baugrundeigenschaften einer Bodenschicht (Homogenbereich) werden durch Bodenkenngrößen (DIN V 1054-100) beschrieben.

Es sind entweder dimensionslose Kenngrößen, sogenannte Indexwerte, mit denen bautechnische Eigenschaften abgeschätzt werden können, oder Rechenwerte mit Einheiten von Wichten oder Spannungen, die unmittelbar in Bemessungsgleichungen eingehen, aber auch bei der rechnerischen Ermittlung anderer Bodenparameter Verwendung finden.

Bodenkenngrößen (Tab. 2.14) werden mit genormten Laborversuchen an gestörten oder ungestörten Bodenproben oder mit Feldversuchen an stehenden Böden ermittelt.

Man unterscheidet Klassifizierungsversuche (Ermittlung der Korngrößenverteilung, der Plastizitätsgrenzen w_L und w_p, sowie der organischen Bestandteile), die bei Zuordnung des Wassergehaltes w zu den Plastizitätsgrenzen (Abb. 2.8) sowie der Dichte zu den Grenzen der Lagerungsdichte (Tab. 2.15) auch zustandsbeschreibende Versuche genannt werden, ferner Festigkeits- und Verformungsversuche (Scherfestigkeit, Steifemodul) sowie spezielle Versuche für erdbautechnische Zwecke (Proctor-Dichte, Plattendruckversuch). In kohäsionslosen Böden werden die Festigkeits- und Verformungswerte mit Sondierungen festgelegt. (Abb. 2.5).

Um den Versuchsaufwand zu vermeiden, lassen sich bestimmte Bodenkenngrößen auch durch Korrelation insbesondere mit der Korngrößenverteilung sowie dem Wassergehalt und den Plastizitätsgrenzen bestimmen (Beispiel s. Tab. 2.16).

Tab. 2.14 Bodeneigenschaften, Bezeichnung, Formelzeichen und Einheiten der Bodenkenngrößen nach DIN 1080-6

	Bezeichnung	Formelz	Einheit	Formelmäßiger Zusammenhang	Prüfnorm	Erklärung der Formelzeichen, Anwendung
1	Wassergehalt	w	[a]	$w = \frac{m_w}{m_d}$	DIN 18121 -1 (4.98) -2 (08.01)	m Masse in g oder t m_w des Porenwassers m_d der trockenen Probe
2	Konsistenzzahl	I_c	[a]	$I_c = \frac{w_L - w}{w_L - w_p}$	DIN 18122-1 (7.97)	w_L Fließgrenze[a] w_p Ausrollgrenze[a] (siehe in Abb. 2.8) Klassifikation; Korrelationsgröße
3	Plastizitätszahl	I_p	[a]	$I_p = w_L - w_p$	Wie 2	S. 2
4	Ungleichförmig- keitszahl	U	[a]	$U = d_{60} / d_{10}$	DIN 18123 (11.96)	d_{60}, d_{10}: Korngröße bei 60 und 10 % Sieb- durchgang in mm[b]
5	Krümmungszahl	C_c	[a]	$C_c = \frac{(d_{30})^2}{d_{10} \cdot d_{60}}$	Wie 4	d_{60}, d_{30}, d_{10}: Korngröße bei 60, 30 und 10 % Siebdurchgang in mm[c]
6	Korndichte	ρ_s	t/m³ g/cm³	$\rho_s = \frac{m_d}{V_k}$	DIN 18124 (7.97)	m_d Masse der trockenen Probe in g V_k Volumen der Einzelbestandteile in cm³
7	Dichte des feuch- ten Bodens	ρ	t/m³ g/cm³	$\rho = \frac{m}{V}$	DIN 18125-1 (8.97)	m Masse der feuchten Probe in t oder g V Volumen der Probe in m³ oder cm³
8	Trockendichte	ρ_d	t/m³	$\rho_d = \frac{m_d}{V} = \frac{\rho}{1+w}$	Wie 7	S. 6, 7 und 1 Bezugsgröße für 12

Tab. 2.14 (Fortsetzung)

	Bezeichnung	Formelz	Einheit	Formelmäßiger Zusammenhang	Prüfnorm	Erklärung der Formelzeichen, Anwendung
9	Wichte des Bodens: feucht unter Auftrieb wassergesättigt	γ γ' γ_r	kN/m³	$\gamma = (1-n)\cdot(1+w)\,\gamma_s$ $\gamma' = (1-n)\cdot(\gamma_s - \gamma_w)$ $\gamma_r = (1-n)\cdot\gamma_s + n\gamma_w$	Wie 7	γ_s Kornwichte (Hilfsgröße) γ_w Wichte des Wassers Porenanteil $n = 1 - \frac{\rho_d}{\rho_s}$ (Porenvol., bez. auf Gesamtvol.) $n = n_w + n_a$ n_w vgl. 25 n_a Anteil luftgef. Poren[a]
10	Lagerungsdichte	D	[a]	$D = \frac{\max n - n}{\max n - \min n}$	DIN 18126 (11.96)	max n bei lockerster Lagerung[1]) } min n bei dichtester Lagerung[1]) } nur für grobk. Böden
11	Bezogene Lagerungsdichte	I_D	[a]	$I_D = \frac{\max e - e}{\max e - \min e}$ $e = \frac{n}{1-n}$	Wie 10	$e = \frac{\rho_s}{\rho_d} - 1$ Porenzahl (Poren-vol.), bez. auf Feststoffvolumen[a] max e bei lockerster Lagerung[1] } min e bei dichtester Lagerung[1] } nur für grobk. Böden

Tab. 2.14 (Fortsetzung)

	Bezeichnung	Formelz	Einheit	Formelmäßiger Zusammenhang	Prüfnorm	Erklärung der Formelzeichen, Anwendung
12	Verdichtungsgrad (Proctordichte)	D_{pr}	[a]	$D_{pr} = \frac{\rho_d}{\rho_{Pr}}$	DIN 18127 (11.97)	einfache ρ_{Pr} Proctordichte in t/m^3; Prufüng d. Verdichtung
13	Optimaler Wassergehalt	W_{Pr}	[a]	–	Wie 12	Wassergehalt bei ρ_{Pr} nach dem einfachen Verdichtungsversuch
14	Verformungs-modul	E_v	kN/m^2 (MN/m^2)	$E_v = 1{,}5 \cdot r \frac{\Delta\sigma_0}{\Delta s}$	DIN 18134 (09.01)	r Radius der Lastplatte Δ Differenzwerte[d] $\Delta\sigma_0$ der Spannung Δs der Setzung
15	Einaxiale Druckfestigkeit des ungestörten Bodens	q_u	kN/m^2	$q_u - max\sigma$	DIN 18136 (8.96)	max σ Höchstwert der einachsigen Druckspannung bei unbehinderter Seitendehnung, Korrelationsgröße
16	Innerer Reibungswinkel des dränierten (entwässerten) Bodens	φ'		–	DIN 18137-1 (8.90) -2 (12.90) -3 E (10.97)	$\varphi';c'$ zur Berechnung der Endstandsicherheit $\tau_f = c' + \sigma' \cdot tan\varphi$ τ_f Maximalwert der Scherfestigkeit σ' effektive Spannung $\sigma' = \sigma - u$ σ totale Spannung u Porenwasserdruck $\sigma' = \sigma bei\ u = 0$ $\varphi_u;c_u$ zur Berechnung der Anfangsstandsicherheit mit $\tau_{fu} = c_u + \sigma \cdot tan\varphi_u$
17	Des undränierten Bodens	φ_u		–	Wie 16	
18	Kohäsion des dränierten Bodens	c'	kN/m^2	–	Wie 16	
19	Des undränierten Bodens	c_u	kN/m^2	–	Wie 16	

Tab. 2.14 (Fortsetzung)

	Bezeichnung	Formelz	Einheit	Formelmäßiger Zusammenhang	Prüfnorm	Erklärung der Formelzeichen, Anwendung
20	Steifemodul	E_s	kN/m²	$E_s = \frac{d\sigma}{d\varepsilon}$	E DIN 18135 (06.99)	$d\varepsilon$ auf die Höhe des Volumenelementes bezogene Zusammendrückung
21	Durchlässigkeits-beiwert	k	m/s	$k = \frac{v}{I} = \frac{Q}{A \cdot t} \cdot \frac{\Delta l}{\Delta h_w}$	DIN 18130 -1 (5.98) -2 (Proj.)	Filtergeschwindigkeit $v = k \cdot I$ in m/s; I hydraulisches Gefälle[a]); A = Querschnittsfläche d. Pr
22	Bettungsmodul	k_s	kN/m³	$k_s = \sigma_0 / s$	wie 14	σ_0 Sohlnormalspannung; s Setzung (Endwert)
23	Kapillare Steighöhe	h_k	m	–	ungenormt	$u = h_k \cdot \rho_w$ Kapillardruck bei scheinbarer Kohäsion
24	Schrumpfgrenze	w_s	[a]	$w_s = \left(\frac{V_d}{m_d} - \frac{1}{\rho_s}\right)\rho_w$	DIN 18122-2 (09.00)	V_d Volumen des trockenen Probekörpers in cm³; ρ_w Dichte des Wassers in g/cm³
25	Sättigungszahl	S_r	[a]	$S_r = \frac{n_w}{n} = \frac{e_w}{e}$	DIN 18132 (12.95)	n Porenvol.[a] bezogen auf Gesamtvolumen; n_w Anteil der wassergefüllten Poren[a])
26	Glühverlust	V_{gl}	[a]	$V_{gl} = \frac{m_d - m_g}{m_d}$	DIN 18128 (11.90)	Verhältnis des Gewichtsverlustes beim Glühen (Org.-Substanz zur Trockenmasse m_d)
27	Aktivitätszahl	I_A	[a]	$I_A = \frac{I_p}{m_T / m_d}$	Wie 2 und 6	m_T Masse der Tonfraktion (tr.); m_d Gesamtmasse in g oder t

Tab. 2.14 (Fortsetzung)

	Bezeichnung	Formelz	Einheit	Formelmäßiger Zusammenhang	Prüfnorm	Erklärung der Formelzeichen, Anwendung
28	Liquiditätszahl	I_L	[a]	$I_L = \frac{w - w_p}{I_p} = 1 - I_c$	Wie 2	S. 2 Wie 2 Maß für Zustandsform; im Ausland verwendet
29	Kalkgehalt	V_{Ca}	[a]	$V_{Ca} = \frac{m_{Ca}}{m_d}$	DIN 18129 (11.96)	m_{Ca} Massenanteil an Gesamt-Karbonaten in g oder t m_d s. 27
30	Wasseraufnahme vermögen	W_A	[a]	$W_A = \frac{m_{w_g}}{m_d}$	DIN 18132 (12.95)	m_{w_g} Grenzwert der im Versuch aufgesaugten Masse des Wassers in g m_d Masse des getrockneten Bodens in g

[a] Verhältnisgröße
[b] Maß der Steilheit der Körnungslinie
[c] gibt Verlauf zw. d10 und d60 an
[d] im Mittelbereich 0,3 bis 0,7 von max σ_0

Tab. 2.15 Lagerungszustand[a] nichtbindiger Böden nach DIN 1054 Bbl. (11.76)

Lagerung	Sehr locker	Locker	Mitteldicht[b]	Dicht
Gleichförmig $U \leq 3$	$D < 0{,}15$	$0{,}15 \leqq D < 0{,}3$	$0{,}3 \leqq D \leqq 0{,}5$	$D > 0{,}5$
			$D_{pr} \geqq 95\,\%$	$D_{pr} \geqq 98\,\%$
Ungleichförmig $U > 3$	$D < 0{,}2$	$0{,}2 \leqq D < 0{,}45$	$0{,}45 \leq D \leq 0{,}65$	$D > 0{,}65$
Spitzenwiderstand der Drucksonde in MN/m[b]	$q_s < 2{,}5$	2,5 bis 7,5	7,5 bis 15	15 bis 25

[a] s. Tab. 2.14, Zeile 10
[b] Mindestlagerung für tragfähigen Boden nach DIN 1054 (11.76)

Tab. 2.16 Näherungsweiser Zusammenhang zwischen Scherfestigkeit c_u und Konsistenz I_c[a]

c_u in MN/m²	0	0,025	0,1	0,2
I_c	$< 0{,}5$	0,5	1	> 1

[a] siehe Tab. 2.14, Zeile2

Die Bodenkenngrößen einer Schicht streuen mehr oder weniger je nach ihrer geologischen Entstehung. Die Untersuchung einer einzelnen Probe ist daher nicht ausreichend. Die neue europäische Normung trägt dem Rechnung, indem für rechnerische Nachweise vorsichtig geschätzte Mittelwerte als sogenannte charakteristische Werte zu Grunde gelegt werden.

Eine Übersicht über die Bodenkenngrößen und die für ihre Ermittlung gebräuchlichen Laborversuche liefert Tab. 2.14.

Auf Klassifizierungsversuche kann verzichtet werden, wenn der Boden eindeutig nach den Erkennungsmerkmalen und Beispielen der DIN 18196 (Tab. 2.8) klassifiziert und die Konsistenz durch Handprüfung nach DIN 4022-1 festgelegt werden kann (Tab. 2.5). In diesem Fall ist es auch möglich, Rechenwerte für die Berechnung der Standsicherheit und der Abmessung baulicher Anlagen, die durch die Eigenlast des Bodens oder durch Erddruck belastet werden, aus Tabellen der DIN 1055-2 (Tab. 2.17 und 2.18) zu entnehmen. Tabelle 2.19 enthält Bodenkenngrößen nach v. Soos.

Bei größeren Bauvorhaben wird man auf Laborversuche nicht verzichten.

Tab. 2.17 Bodenkenngrößen nichtbindiger Böden (Rechenwerte nach DIN 1055-2, EAU, DIN 4017 sowie charakteristische Werte nach DIN V 1054-100[a])

Bodcnart	Kurzzeichen nach DIN 18196	Lagerung	DIN 1055-2 DIN V 1054-100		EAU 1990		DIN 4017 (8.79)
			Wichte feucht cal γ^{b}; $\gamma_{K}{}^{c}$ n kN/m³	Reibungs-winkel[c] cal φ' in°	Wichte feucht cal[b] γ in kN/m³	Reibungswin-kel[e] cal φ' in°	Reibungs-Winkel cal φ' in°
Sand, schwach schluffiger Sand, Kies-Sand, eng gestuft	SE sowie SU mit U ≦ 6	Locker mittel-dicht dicht	17 18 19	30 32,5 35	18 19 –	30 32,5 –	32,5 35 37,5
Kies, Geröll, Steine, mit geringem Sandanteil, eng gestuft	GE	Locker mittel-dicht dicht	17 18 19	32,5 (32[d]) 35 (36) 37,5 (40)	16 (Kies ohne Sand)	37,5	–
Sand. Kies-Sand, Kies, weit oder intetmittierend gestuft	SW, SI, SU, GW, Gl mit 6 < U ≦ 15	Locker mittel-dicht dicht	18 19 20	30 32,5 (34) 35 (38)	–	–	32,5 35 37,5
Sand, Kies- Sand, Kies, schwach schluffiger Kies, weit oder intermittierend gestuft	SW, SI, SU, GW, Gl mit U > 15 sowie GU	Locker mittel-dicht dicht	18 20 22	30 32,5 (34) 35 (38)	–	–	–

[a] Soweit die Werte der DIN V 1054-100 gegenüber DIN 1055 abweichen, sind sie in Klammern beigefügt; (*) n. DIN V 1054-100 nur anhand von Versuchen zu ermitteln

[b] *ca*/Rechenwert s. DIN 1080-1

[c] γK Oberer charakteristischer Wert *n*. Tab. A.1 bzw. A.2 der DIN V 1054-100

[d] Die Klammerwerte sind untere Werte *n*. Tab. B.1 bzw. B.2 der DIN V 1054-100

[e] Für runde Kornform, bei eckiger Kornform 2,5° mehr.

Tab. 2.18 Bodenkenngrößen bindiger Böden und organischer Böden (Rechenwerte nach DIN 1055-2, sowie charakteristische Werte nach DIN V 1054-100[a])

Bodenart	Kurzzeichen nach DIN 18196	Konsistenzbereich	Wichte		Reibungswinkel	Kohäsion	
			Über Waaser Cal γ^b; $\gamma_K{}^c$ in kN/m³	Unter Waaser Cal γ^b; $\gamma_K{}^c$ in	cal φ in kN/m³	cal[b] c' In kN/m³	cal[b] c_u in kN/m³
Anorganische bindige Böden mit ausgeprägt plastischen Eigenschaften ($w_L > 50\,\%$)	TA	Weich	18,0	8,0	17,5 (*)	0(*)	15 (*)
		Steif	19,0	9,0	17,5 (*)	10 (*)	35 (*)
		Halbfest	20,0	10,0	17,5 (*)	25 (*)	75(*)
Anorganische bindige Böden mit mittelpla-Stischen Eigenscnaften ($50\,\% \geqq w_L \geqq 35\,\%$)	TM und UM	Weich	19,0	9,0	22,5 (20)[d]	0	5
		Steif	19,5	9,5	22,5 (20)	5	25
		Halbfest	20,5	10,5	22,5 (20)	10	60
Anorganische bindige Böden mit leicht pla stischen Eigenschaften ($w_L < 35\,\%$)	TL und UL	Weich	20,0	10,0	27,5 (27)	0	0
		Steif	20,5	10,5	27,5 (27)	2	15
		Halbfest	21,0	11,0	27,5 (27)	5	40
Organischer Ton, organischer Schluff	OT und OU	Weich	14,0	4,0	15 (*)	0 (*)	10 (5)
		Steif	17,0	7,0	15 (*)	0 (*)	20 (15)
Torf ohneVorbe-lastung, Torf unter mäßiger Vorbelastung	HN und HZ		11,0	1,0	15 (*)	2 (*)	10 (5)
			13,0	3,0	15 (*)	5 (*)	20

[a] Soweit die Werte der DIN V 1054-100 gegenüber DIN 1055 abweichen, sind sie in Klammern beigefügt; (*) n. DIN V 1054-100 nur anhand von Versuchen zu ermitteln
[b] *cal* Rechenwert s. DIN 1080-1
[c] γk Oberer charakteristischer Wert *n*. Tab. A.1 bzw. A.2 der DIN V 1054-100
[d] Die Klammerwerte sind untere Werte *n*. Tab. B.1 bzw. B.2 der DIN V 1054-100
[e] Für runde Kornform, bei eckiger Kornform 2,5° mehr.

Tab. 2.19 Richtwerte für Bodenkenngrößen, Bodenkennwerte von Bodenarten nach v. Soos

a	b	c		d	e			f		g
Bodenart	BodenGruppe nach DIN 18196	Korngrößenverteilung		Ungleichförmigkeitszahl U	Plastizitätsgrenzen des Kornanteils <0,04 mm			Wichte		
		<0,06 mm %	<2,0 mm %		w_L %	w_P %	I_P %	γ kN/m³	γ' kN/m³	w %
Kies, gleichkörnig	*GE*	<5	<60	2 5	–	–	–	16,0 19,0	9,5 10,5	4 1
Kies, sandig, mit wenig Feinkorn	*GW, GI*	<5	<60	10 100	–	–	–	21,0 23,0	11,5 13,5	6 3
Kies, sandig, mit Schluff- oder Tonbeimengungen, die das Korngerüst nicht sprengen	*GU, GT*	8 15	<60	30 300	20 45	16 25	4 25	21,0 24,0	11,5 14,5	9 3
Kies-Sand-Feinkorn-Gemisch. Das Feinkorn sprengt das Korngerüst.	*GU, GT*	20 40	<60	100 1000	20 50	16 25	4 30	20,0 22,5	10,5 13,0	13 6
Sand, gleichkörnig a) Feinsand	*SE*	<5	100	1,2 3	–	–	–	16,0 19,0	9,5 11,0	22 8
b) Grobsand	*SE*	<5	100	1,2 3	–	–	–	16,0 19,0	9,5 11,0	16 6
Sand, gut abgestuft und Sand, kiesig	*SW, SI*	<5	>60	6 15	–	–	–	18,0 21,0	10,0 12,0	12 5
Sand mit Feinkorn, das das Korngerüst nicht sprengt	*SU, ST*	8 15	>60	10 50	20 45	16 25	4 25	19,0 22,5	10,5 13,0	15 4
Sand mit Feinkorn, das das Korngerüst sprengt	*SU, ST*	20 40	>60 >70	30 500	20 50	16 30	4 30	18,0 21,5	9,0 11,0	20 8

Tab. 2.19 (Fortsetzung)

a	b	c		d	e			f		g
Bodenart	BodenGruppe nach DIN 18196	Korngrößenverteilung		Ungleichförmigkeitszahl U	Plastizitätsgrenzen des Kornanteils <0,04 mm			Wichte		
		<0,06 mm %	<2,0 mm %		w_L %	w_P %	I_P %	γ kN/m³	γ' kN/m³	w %
Schluff, geringplastisch	*UL*	>50	>80	5 50	25 35	21 28	4 11	17,5 21,0	9,5 11,0	28 15
Schluff, mittel- und ausgeprägt plastisch	*UM, UA*	>80	100	5 50	35 60	22 25	7 25	17,0 20,0	8,5 10,5	35 20
Ton, geringplastisch	*TL*	>80	100	6 20	25 35	15 25	7 16	19,0 22,0	9,5 12,0	28 14
Ton, mittelplastisch	*TM*	>90	100	5 40	40 50	18 25	16 28	18,0 21,0	8,5 11,0	38 18
Ton, ausgeprägt plastisch	*TA*	100	100	5 40	60 85	20 35	33 55	16,5 20,0	7,0 10,0	55 20
Schluff oder Ton, organisch	*OU, OT*	>80	100	5 30	45 70	30 45	10 30	15,5 18,5	5,5 8,5	60 26
Torf	*HN, HZ*	–	–	–	–	–	–	10,4 12,5	0,4 2,5	800 80
Mudde	*F*	–	–	–	100 250	30 80	50 170	12,5 16,0	2,5 6,0	160 50

Tab. 2.19 (Fortsetzung)

a	b	h		i		j	k			l
Bodenart	BodenGruppe nach DIN 18196	Proctorwerte		Zusammendrückbarkeit erstverdichteter Böden $E_s = v_e \cdot \sigma_{at} \left(\frac{\sigma}{\sigma_{at}} \right)^{w_e}$ [kN/m²]			Scherparameter			Durchlässigkeits-Koeffizient
		ρ_{Pr} t/m³	w_{Pr} %	v_e	w_e	Δu	φ' Grad	c' kN/m²	φ'_r Grad	k m/s
Kies, gleichkörnig	*GE*	1,70 1,90	8 5	400 900	0,6 0,4	0	34 42	- -	32 35	2,10[1] 1,10[2]
Kies, sandig, mit wenig Feinkorn	*GW, Gl*	2,00 2,25	7 4	400 1100	0,7 0,5	0	35 45	- -	32 35	$1,10^{-2}$ $1,10^{-6}$
Kies, sandig, mit Schluff- oder Tonbeimengungen, die das Korngerüst nicht sprengen	*GU, GT*	2,10 2,35	7 4	400 1200	0,7 0,5	0 +	35 43	7 0	32 35	$1,10^{5}$ $1,10^{6}$
Kies-Sand-Feinkorn-Gemisch. Das Feinkorn sprengt das Korngerüst.	*GU, GT*	1,90 2,20	10 5	150 400	0,9 0,7	++	28 35	15 5	22 30	$1,10^{7}$ $1,10^{11}$
Sand, gleichkörnig a) Feinsand	*SE*	1,60 1,75	15 10	150 300	0,75 0,60	0	32 40	- -	30 32	$1,10^{4}$ $2,10^{5}$
b) Grobsand	*SE*	1,60 1,75	13 8	250 700	0,70 0,55	0	34 42	- -	30 34	$1,10^{3}$ $5,10^{4}$

Tab. 2.19 (Fortsetzung)

a	b	h		i		j	k			l
Bodenart	BodenGruppe nach DIN 18196	Proctorwerte		Zusammendrückbarkeit erstverdichteter Böden $E_s = v_e \cdot \sigma_{at} \left(\frac{\sigma}{\sigma_{at}} \right)^{w_e}$ [kN/m²]			Scherparameter			Durch-lässig-keits-Koeffi-zient
		ρ_{Pr} t/m³	w_{Pr} %	v_e	w_e	Δu	φ' Grad	c' kN/m²	φ'_r Grad	k m/s
Sand, gut abgestuft und Sand, kiesig	*SW, SI*	1,90 2,15	10 6	200 600	0,70 0,55	0	33 41	- -	32 34	$5,10^{-4}$ $2,10^{-5}$
Sand mit Feinkorn, das das Korngerüst nicht sprengt	*SU, ST*	2,00 2,20	11 7	150 500	0,80 0,65	+	32 40	7 0	30 32	$2,10^{5}$ $5,10^{7}$
Sand mit Feinkorn, das das Korngerüst sprengt	*SU, ST*	1,70 2,00	19 12	50 250	0,90 0,75	++	25 32	25 7	22 30	$2,10^{6}$ $1,10^{9}$
Schluff, geringplastisch	*UL*	1,60 1,80	22 15	40 110	0,80 0,60	+	28 35	10 5	25 30	$1,10^{5}$ $1,10^{7}$
Schluff, mittel- und ausgeprägt plastisch	*UM, UA*	1,55 1,75	24 18	30 70	0,90 0,70	++	25 33	20 7	22 29	$2,10^{6}$ $1,10^{9}$
Ton, geringplastisch	*TL*	1,65 1,85	20 15	20 50	1,00 0,90	++	24 32	35 10	20 28	$1,10^{7}$ $2,10^{9}$
Ton, mittelplastisch	*TM*	1,55 1,75	23 17	10 30	1,00 0,95	++	20 28	45 15	10 20	$5,10^{8}$ $1,10^{10}$

Tab. 2.19 (Fortsetzung)

a	b	h		i		j	k			l
Bodenart	BodenGruppe nach DIN 18196	Proctorwerte		Zusammendrückbarkeit erstverdichteter Böden $E_s = v_e \cdot \sigma_{at} \left(\frac{\sigma}{\sigma_{at}} \right)^{w_e}$ [kN/m²]			Scherparameter			Durch-lässig-keits-Koeffi-zient
		ρ_{Pr} t/m³	w_{Pr} %	v_e	w_e	Δu	φ' Grad	c' kN/m²	φ'_r Grad	k m/s
Ton, ausgeprägt plastisch	*TA*	1,45 1,65	27 20	6 20	1,00 1,00	+++	14 22	60 20	6 15	$1{,}10^{9}$ $1{,}10^{12}$
Schluff oder Ton, organisch	*OU, OT*	1,45 1,70	27 18	5 20	1,00 0,85	+++	18 26	35 10	15 22	$1{,}10^{9}$ $2{,}10^{11}$
Torf	*HN, HZ*	–		3 8	1,00 1,00	++	24 30	15 5		$1{,}10^{5}$ $1{,}10^{8}$
Mudde	*F*	–		4 10	1,00 0,90	+++	18 26	15 5		$1{,}10^{7}$ $1{,}10^{9}$

Für die Grenzwerte wurde vorausgesetzt, dass l_c etwa zwischen 0,6 und 1,0 und D zwischen 0,4 und 0,9 schwanken
In Spalte i bedeutet σ_{at} den mittleren Atmosphärendruck, $\boldsymbol{\sigma_{at} = 100}$ **kN/m²**
Die Symbole in Spalte j weisen darauf hin, ob in der Bodenart bei statischen Spannungsänderungen die Scherfestigkeit beeinflussende Porenwasserdifferenzdrücke Δu entstehen:
0 kein oder sehr geringer, + geringer, ++ mittlerer bis starker, +++ sehr starker Einfluß des Porenwasserdifferenzdruckes auf die Scherfestigkeit

Was Sie aus diesem Essential mitnehmen können

- Geotechnische Kategorien
- Geotechnische Untersuchungen
- Geotechnische Kennwerte

B. Schröder, *Geotechnik für Ingenieure*, essentials,
DOI 10.1007/978-3-658-08497-4

Literatur

Hering E, Schröder B (2013) Springer Ingenieurtabellen. Springer-Verlag, Berlin

B. Schröder, *Geotechnik für Ingenieure*, essentials,
DOI 10.1007/978-3-658-08497-4